Sitzungsberichte
der Akademie der Wissenschaften
der DDR
Mathematik – Naturwissenschaften – Technik

12N
1977

Hans-Jürgen Treder

Isaac Newton und die Begründung der mathematischen Prinzipien der Naturphilosophie

AKADEMIE-VERLAG · BERLIN

Sitzungsberichte
der Akademie der Wissenschaften
der DDR
Mathematik — Naturwissenschaften — Technik

Jahrgang 1977 · Nr. 12/N

Hans-Jürgen Treder

Isaac Newton und die Begründung der mathematischen Prinzipien der Naturphilosophie

Zu Newtons 250. Todestag am 21. 3. 1977

THEORIA CUM PRAXI

AKADEMIE-VERLAG · BERLIN
1977

Vortrag in der wissenschaftlichen
Sitzung des Plenums der Akademie
der Wissenschaften der DDR
am 17. März 1977

Herausgegeben im Auftrage
des Präsidenten der Akademie
der Wissenschaften der DDR
von Vizepräsident Prof. Dr. Heinrich Scheel

Erschienen im Akademie-Verlag, 108 Berlin, Leipziger Str. 3—4

Lizenznummer: 202 · 100/260/77
Gesamtherstellung: VEB Druckhaus Köthen
Bestellnummer: 762 545 4 (2010/77/12/N) · LSV 110 5
Printed in GDR
DDR 2,— M

Inhalt

I. Newton in seiner Zeit und in der Geschichte der Physik

ISAAC NEWTON wurde am 25. Dezember 1642 (alten Stils) in Woolstrop (Lincoln) geboren; er starb am 21. März 1727 in Kensington bei London. NEWTON studierte ab 1661 Theologie, alte Sprachen und besonders Mathematik am Trinity College in Cambridge. Die Philosophie, mit der er hier bekannt wurde, war ein durch die Mystik von J. BÖHME beeinflußter Neuplatonismus, in Cambridge vertreten von R. CUDWORTH und H. MORE. NEWTON promovierte 1664 zum Baccalor und 1668 zum Magister. Seit 1667 war er fellow des Colleges und übernahm 1669 als Nachfolger seines Lehrers J. I. BARROW die Lucas-Professur für Mathematik. 1671 wurde er Mitglied der Royal Society. Obwohl stark introvertiert — NEWTON blieb sein Leben lang Junggeselle —, nahm er doch an entscheidenden politischen Ereignissen in England teil und gehörte während und nach der „glorreichen Revolution" von 1688 bis 1690 und 1701 bis 1702 zwei Parlamenten an. 1696 wurde NEWTON Aufseher (warden) des Londoner Münzamtes und leitete technisch die englische Münzreform. 1699 übernahm er das Amt des Hauptdirektors (master) der Münze; seine Professur legte er 1701 nieder. Seit 1703 war NEWTON ununterbrochen Präsident der Royal Society. 1705 wurde er zum Ritter geschlagen.

NEWTONS äußere Position war die eines hohen Würdenträgers. Als Direktor der Münze bezog er das für die damalige Zeit außerordentlich hohe Einkommen von 2000 Pfund im Jahr; er hinterließ ein Barvermögen von 32 000 Pfund (NEWTONS Bezüge übertrafen diejenigen eines Cambridger Professors um mehr als das Zehnfache). Sein Wohnsitz in Kensington bei London war geradezu palastartig.[1]

Hier führte NEWTONS Nichte KATHERINE BARTON ihm den Haushalt, deren späterer Ehemann, JOHN CONDUITT, NEWTONS geschäftsführender Stellvertreter und späterer Nachfolger an der Münze wurde. KATHERINE BARTON ist wegen ihrer Schönheit und ihrer intimen Beziehungen zum Lordschatzkanzler LORD CHARLES MONTAGUE, GRAF HALIFAX, eine vieldiskutierte Persönlichkeit in den NEWTON-Biographien von VOLTAIRE bis WAWILOW.

Bereits 1665 begann NEWTON seine Forschertätigkeit auf den verschiedensten

[1] Als Großwürdenträger des britischen Staates wurde NEWTON von Jonathan Swift in dessen „Tuchhändlerbriefen" (1724) angegriffen und in „Gullivers Reisen" ebenso geistvoll wie ungerecht verspottet.

Gebieten der Mechanik, Optik und Mathematik, einen Großteil seiner bahnbrechenden Entdeckungen hat er schon Ende der 60er und in den 70er Jahren gemacht. Aus verschiedenen Gründen jedoch hielt er ihre Publikation zurück. NEWTON gab in dieser Zeit nur gelegentlich briefliche Mitteilungen hierüber, während er seine Methoden immer wieder zur Erarbeitung neuer Einzelergebnisse einsetzte und dabei umfassend ausbaute.

Die zusammenfassende Darstellung von NEWTONS theoretisch-physikalischen Entdeckungen und die Begründung seines neuen naturphilosophischen Weltbildes geschah 1687 durch das Werk „Philosophiae naturalis principia mathematica", dessen Herausgabe nicht NEWTON selbst, sondern E. HALLEY besorgte. Die unter NEWTONS Aufsicht von seinen Schülern R. COTES (1713) und H. PEMPERTON (1726) vorbereiteten Neuausgaben enthalten wichtige Ergänzungen. Die zweite Ausgabe der „Principia" war tatsächlich ein Schwerpunkt in NEWTONS wissenschaftlicher Tätigkeit. In dieser Ausgabe bekamen seine physikalischen Prinzipien ihre endgültige Form. NEWTONS Briefwechsel mit seinem Schüler COTES zeigt seine intensive, COTES lenkende und anleitende Arbeit bei der Präzisierung und Korrektur der Erstausgabe.

Seine optischen Forschungen publizierte NEWTON 1704 in dem Werk „Opticks" und veröffentlichte in dessen Anhang zum erstenmal seinen seit 1669 vorliegenden Infinitesimal-Kalkül. Die späteren Ausgaben der „Optik" (1706, 1717, 1721) enthalten wesentliche Zusätze über die Wissenschaftstheorie und Methodologie der Physik.

Die Eigentümlichkeiten der Publikationsweise NEWTONS waren eine der Ursachen für seinen Streit mit LEIBNIZ über die Priorität bei der Begründung der Infinitesimalrechnung. Hierbei stellte sich die Royal Society geschlossen hinter NEWTON: Die Herausgeber des von einer Kommission der Royal Society zusammengestellten, gegen LEIBNIZ zeugenden Briefbandes „Commerzium epistolicum" (1713) wurden direkt von NEWTON als Präsidenten inspiriert, der so als Richter in eigener Sache wirkte. Die sachliche Diskussion mit LEIBNIZ über die Grundprinzipien der Naturphilosophie ließ NEWTON durch seinen Schüler S. CLARKE führen.

Nach seinem Tode wurde NEWTON in einem Staatsakt feierlich in die Westminster Abtei überführt und dort beigesetzt. VOLTAIRE konstatierte als Augenzeuge begeistert, daß vier Herzöge NEWTONS Sarg trugen. Dagegen wurde LEIBNIZ, der 10 Jahre früher gestorben war, in Hannover fast heimlich und ohne jedes Trauergefolge beerdigt.

Die Vielzahl der nachgelassenen Manuskripte, Aufzeichnungen, Brief-Konzepte und Randnotizen NEWTONS, die bei seiner introvertierten Art des Kontaktes mit den Zeitgenossen die Masse seiner naturphilosophischen, erkenntnistheoretischen und methodologischen Ausführungen enthalten, werden erst heute publiziert. Sie ergeben zum Teil ein völlig neues Newton-Bild.[2] Der Herausgeber der Erstausgabe von NEWTONS „Opera omnia", S. HORSLEY, war ein anglikanischer Bischof, der

[2] Siehe hierzu „Newtons Werke" in der Bibliographie.

möglichst alles ausschloß, was NEWTON als heterodoxen Philosophen auswies. Aber fast alle philosophischen Positionen NEWTONS sind „heterodox“ im Sinne der anglikanischen Kirche.

In Synthese der Experimentalphysik GALILEIS, der kinematischen und dynamischen Begriffsbildungen von GALILEI und HUYGENS sowie von KEPLERS Bewegungsgesetzen der Planeten schuf NEWTON die theoretische Mechanik und damit die theoretische Physik überhaupt. NEWTONS von ihm „Naturphilosophie“ genannte theoretische Physik formulierte die allgemeinen Bewegungsgesetze der Materie als die Gesetze der Bewegung von Massen im Raum in einer allgemeinen Form, die ihre Anwendung sowohl auf die verschiedensten Körpersysteme als auch auf beliebige Kontinua gestattet, unabhängig von deren Quantitäten und Qualitäten. Zugleich entdeckte NEWTON die universelle Gravitation als diejenige Wechselwirkung, die die Himmelsmechanik beherrscht, und ermöglichte dadurch die konkrete Anwendung seiner allgemeinen Bewegungsgesetze im Kosmos.

Gleichbedeutend als theoretischer Denker, Mathematiker und Experimentator begründete NEWTON ferner, im wesentlichen durch neuartige eigene Versuche, die physikalische Optik und entdeckte hierbei die Dispersion (Spektralzerlegung) des Lichtes, entwickelte die physikalische Theorie der Farben und deutete die optischen Phänomene auf der Grundlage der von ihm aufgestellten Partikel-Theorie (Emanationstheorie) des Lichtes. Eine physikalisch-technische Anwendung seiner optischen Forschungen war NEWTONS Konstruktion des ersten Spiegelteleskops 1671.

NEWTON war primär Physiker. Die Astronomie war für ihn das große Anwendungsgebiet seiner Physik. Mit Hilfe seiner physikalischen Prinzipien konnte NEWTON nicht nur die KEPLERschen Bewegungsgesetze mathematisch deduzieren und damit das Copernicanische Weltsystem dynamisch begründen, sondern NEWTONS Prinzipien enthalten die allgemeine Methodik zur Bestimmung der Bewegung beliebiger Himmelskörper unter dem Einfluß ihrer wechselseitigen Attraktion entsprechend dem Gravitationsgesetz. Im Rahmen der NEWTONschen Himmelsmechanik erwiesen sich die KEPLER-Bewegungen als der einfache Spezialfall des Ein- bzw. Zwei-Körper-Problems. NEWTON erweiterte gleichzeitig den Gegenstand der Himmelsmechanik auf die Theorie der Figur der Himmelskörper. Er begründete hierbei die höhere Geodäsie als die mathematische Theorie der Erdgestalt und die Theorie der Gezeiten.

Die Mathematik war für NEWTON methodisches Hilfsmittel für die Formulierung und vor allem für die explizite Anwendung seiner Bewegungsgesetze. Die Mathematik hat bei NEWTON die Aufgabe, die in seinen allgemeinen Gesetzen implicite enthaltenen Strukturen sukzessive zu explizieren. Sie liefert Algorithmen für die Anwendung der universellen physikalischen Gesetze auf spezielle Probleme der Physik und Astronomie.

Auf Grund dieser Fragestellungen schuf NEWTON die Infinitesimalrechnung. Hierbei baute er — wie LEIBNIZ — auf der analytischen Geometrie von DESCARTES, FERMAT, PASCAL und HUYGENS auf. Anders als LEIBNIZ ging NEWTON aber direkt von den kinematischen Begriffsbildungen GALILEIS aus und stellte sich alle physikalischen Funktionen als primär von der Zeit abhängend vor. Der Kalkül der Differentialrechnung war so bei NEWTON die Methode zur Bestimmung allgemeiner Geschwindigkeiten aus gegebenen Bewegungsabläufen, und die Integralrechnung — als inverses Problem — die Methode der Bestimmung des Bewegungsablaufes aus einem gegebenen Geschwindigkeitsgesetz. Mathematisch bedeutete dies, daß NEWTON die Infinitesimalrechnung, hier sehr viel spätere Entwicklungen vorwegnehmend, auf der Vorstellung von Grenzübergängen aufbaute. — In Anwendung seiner allgemeinen mathematischen Methoden begründete NEWTON die Approximationsrechnung und die praktische Analysis, die er zur Lösung mathematisch-physikalischer Probleme einsetzte. Bei seinen eigenen Forschungen verwandte NEWTON immer seine neue Mathematik; bei der Darlegung seiner Ergebnisse zog er jedoch meist die ältere, aus der Antike übernommene, synthetische Darstellungsweise vor, um den Zugang zu seinen inhaltlichen Ergebnissen nicht durch technische Schwierigkeiten der Darstellung zu erschweren.

NEWTONS theoretische Mechanik war methodisch die Begründung der Physik als Paradigma jeder theoretischen Naturwissenschaft. In Fortsetzung von GALILEI schuf NEWTON die Methodologie der physikalischen Forschung überhaupt. NEWTONS Mechanik wurde von ihm als „Physik der Prinzipien" aufgefaßt. Die Prinzipien der Mechanik sind bei NEWTON ein System von Definitionen, Postulaten und Axiomen, das NEWTON in Analogie zu EUKLIDS axiomatischem Aufbau der Geometrie formulierte. Indem aber den mathematischen Begriffen und Relationen bei NEWTON nach dem Vorgang GALILEIS durch bestimmte Meßvorschriften definierte physikalische Größen zugeordnet werden, bekommt das mathematische System eine inhaltliche Bedeutung. Die theoretische Erklärung von Naturprozessen ist dann ihre mathematische Deduktion aus diesen inhaltlich gedeuteten Prinzipien.

Diese Auffassung des Wesens der physikalischen Theorienbildung wurde von NEWTON in bewußtem Gegensatz zur mechanistischen Naturphilosophie von DESCARTES herausgestellt. Für DESCARTES war die theoretische Erklärung von Naturvorgängen gleichbedeutend mit der Angabe mechanischer Modelle („Physik der Hypothesen"). Nach NEWTONS Auffassung ist hingegen die Mechanik als Ganzes das inhaltliche Modell derjenigen mathematischen Theorie, die axiomatisch durch NEWTONS Prinzipien gegeben ist.

Dennoch liegt NEWTONS Prinzipien eine philosophische Konzeption über das Wesen der Materie zugrunde, welche NEWTON als denknotwendig ansah und von der er glaubte, daß sie bereits PYTHAGORAS und PLATON vertreten hätten. Nach NEWTONS Naturphilosophie besitzt die Materie nur zwei primäre Qualitäten: ihre Räumlichkeit, nämlich die Fähigkeit, Orte im Raum einzunehmen, und ferner die Fähigkeit, sich gemäß den Gesetzen der NEWTONschen Dynamik zu bewegen und dabei ihre Orte im Raum mit der Zeit stetig zu verändern.

Die Grundlagen-Begriffe der Naturphilosophie von NEWTON sind die „Masse", die die Quantität der Materie angibt, der „Raum" als allgemeiner Behälter, in dem sich die Massen jeweils an bestimmten Orten befinden, und schließlich die „Zeit" als ein universeller Parameter, von dem die Orte der Massen abhängen. Die Bewegungsgesetze sind die Gesetze der Abhängigkeit der Orte von der Zeit. Raum und Zeit sind absolute Größen. Die Struktur des Raumes ist durch die euklidische Geometrie gegeben; die universelle Zeit hat per definitionem einen „gleichmäßigen Fluß". Diese absoluten Größen sind aber nur theoretisch mit Hilfe der Prinzipien NEWTONS zu erschließen. Unmittelbar erfahrbar sind hingegen die relativen Räume und die relativen Zeiten, d. h. die wechselseitigen Lagen der Körper zueinander und die sich in ihren relativen Bewegungen manifestierenden Änderungen ihrer Konfigurationen. Diese relativen Bewegungen definieren jeweils Zeitskalen, deren gemeinsames Fundament die absolute Zeit ist.

NEWTONS Gesetze für die Bewegungen der Massen beziehen sich auf den absoluten Raum und die absolute Zeit. Das Kausalitätsprinzip besagt bei NEWTON, daß jede Änderung einer absoluten Bewegung, jede Änderung der absoluten Geschwindigkeit einer Partikel, einer physikalischen Ursache bedarf. Diese Ursache wurde von NEWTON „Kraft" genannt. Je größer die Quantität der Materie, die Masse, ist, eine um so größere Kraft ist für die Geschwindigkeitsänderung erforderlich. Aus der Stetigkeit der absoluten Zeit ergab sich der Grenzbegriff der momentanen Geschwindigkeitsänderungen, der Beschleunigungen, gegenüber dem absoluten Raum; die Ursachen der absoluten Beschleunigungen sind eben die Kräfte.

Diese Kräfte sind das Ergebnis der Wechselwirkungen zwischen den Teilchen der Materie. Zwei Körper beschleunigen sich nach NEWTONS Gegenwirkungsprinzip stets gegenseitig in entgegengesetzten Richtungen und im reziproken Verhältnis ihrer Massen. Grundsätzlich erfolgen diese Beschleunigungen momentan ohne Zeitverzug: die Wechselwirkungen sind Fernwirkungen. Ihr Betrag hängt aber von den Entfernungen zwischen den wechselwirkenden Materieteilchen ab.

NEWTON entwickelte hieraus eine allgemeine dynamische Theorie der Materie: Die Materie besteht aus punktförmigen Massen-Teilchen, die als solche zwar Orte besitzen, den Raum aber nicht erfüllen können. Der Eindruck einer „Raumerfüllung" bzw. einer „Raumeinnahme" durch die Materie entsteht vielmehr erst durch die Wechselwirkung zwischen den Massenpunkten, die durch Kräfte-Funktionen beschrieben werden, die auf verschiedene Weise von ihren Distanzen abhängen und sowohl anziehende als auch abstoßende Terme enthalten. Aus NEWTONS dynamischer Theorie der Struktur der Materie ergab sich auch seine langjährige experimentelle Arbeit zu dem „alchemistischen" Problem der Metall-Transmutation. NEWTON ging — grundsätzlich sehr richtig — von der Einheit der Materie aus und betrachtete die „Atome der Chemie" als sehr stark gebundene Systeme aus den (punktförmigen) physikalischen Elementarpartikeln. Die normalen chemischen Bindungen beruhen nach NEWTON dann auf wesentlich schwächeren, abgeleiteten Wechselwirkungen zwischen den chemischen Atomen. — Newton unterschätzte nur die Stärke derjenigen Kräfte, die die chemischen Atome zusammenhalten, d. i. die Größenordnung der Kräfte im Atomkern.

Die Naturphilosophie NEWTONS wurde später durch R. BOSCOVICH und besonders I. KANT zu einem allgemeinen Dynamismus erweitert, der auch in die deutsche idealistische Philosophie eingegangen ist. Die Grundsätze von NEWTONS Wissenschafts-Methodologie bestimmten aber auch die Philosophie von J. LOCKE. Denn gemäß NEWTON besitzt die Materie als primäre Qualitäten nur die Masse m, den Ort $\mathfrak{r}$ und die Geschwindigkeit $\dot{\mathfrak{r}} = \mathfrak{v}$. Alle anderen Qualitäten sind sekundär und modellmäßig auf die primären Qualitäten zurückzuführen.

Eine explizite Realisierung dieses Programms wurde von NEWTON selbst in seiner Theorie der Farben gegeben. NEWTON erklärte das Licht als die schnelle Bewegung kleiner Massenpunkte durch den Raum. Diese Lichtpartikeln besitzen im Vakuum alle dieselbe absolute Lichtgeschwindigkeit $v = c$. Sie haben jedoch unterschiedliche Massen μ und damit auch unterschiedliche Bewegungsgrößen (Impulse) $\mathfrak{p} = \mu\mathfrak{v}$. Diese Verschiedenheit der Impulse der Lichtpartikeln führt bei ihrer Einwirkung auf den Gesichtssinn physiologisch zu den verschiedenen Farbempfindungen. — Wie die Farben, so sind auch alle anderen Materialeigenschaften der Körper nach NEWTON das Ergebnis der zwischen den die Körper bildenden Massenpunkten bestehenden Wechselwirkungen sowie den Kräften, die die Materie des Körpers auf andere Partikeln, z. B. die Lichtpartikeln, ausübt.

NEWTONS Auffassungen vom Wesen der Materie waren von Einfluß auf JOHN LOCKES Lehre von den „primären" und sekundären" Qualitäten. NEWTON und LOCKE standen zeitweilig in engem persönlichen Kontakt. (LOCKE war ja auch ein Amateur-Naturforscher.)

Die allgemeine Aufgabenstellung der Physik ist gemäß NEWTONS Prinzipien: Gegeben sind N Massenpunkte mit den Massen m_A, zwischen denen Kräfte-Funktionen $\mathfrak{F}_{AB}(\mathfrak{r}_{AB})$ bestehen. Diese N Massenpunkte befinden sich zu einer Zeit $t = t_0 = 0$ an den Orten $\mathfrak{r}_A = \mathfrak{r}_A(0)$ und haben dort die Geschwindigkeiten $\dot{\mathfrak{r}}_A = \mathfrak{v}_A(0)$, d. h. die Impulse $\mathfrak{p}_A = m_A\mathfrak{v}_A(0)$. Mit Hilfe der NEWTONschen Bewegungsgleichungen, durch ihre Integration, sind dann die Bewegungsbahnen und damit die Orte $\mathfrak{r}_A = \mathfrak{r}_A(t)$ dieser Massenpunkte zu allen Zeiten t zu bestimmen. Die Uniformität der absoluten Zeit t bedeutet, daß der Zeitpunkt $t = t_0$, für den die „Anfangswerte" $\mathfrak{r}_A = \mathfrak{r}_A(t_0)$ und $\dot{\mathfrak{r}}_A = \mathfrak{v}_A(t_0)$ vorzugeben bzw. experimentell zu bestimmen sind, völlig gleichgültig ist, und mit diesen Anfangswerten durch die NEWTONschen Prinzipien sowohl die Vergangenheit als auch die Zukunft eindeutig bestimmt wird. Wegen dieser Symmetrie bezüglich der Zeitrichtungen erscheint nach NEWTON eine kosmogonische Fragestellung grundsätzlich als Scheinproblem. NEWTON vertrat die deistische Ansicht, daß Gott als Schöpfer nach seinem Belieben irgendwelche Anfangswerte für alle Materieteilchen des Kosmos vorgegeben hätte, wobei auch der Zeitpunkt dieser Vorgabe im Belieben Gottes stand.

Dieser grundsätzliche Verzicht auf eine wissenschaftliche Kosmogonie wurde bereits von LEIBNIZ als prinzipielle Schwäche der NEWTONschen Naturphilosophie kritisiert. LEIBNIZ und die Cartesianer waren der Ansicht, daß die Unmöglichkeit einer Kosmogonie eine notwendige Konsequenz der physikalischen Prinzipien NEWTONS sei.

Die Kosmogonie KANTS (1755) zeigte dann aber, daß die NEWTONschen Bewegungsgesetze durch Aussagen über die wahrscheinlichen Anfangszustände der primären kosmischen Massen zu ergänzen sind. Mit diesen Anfangszuständen ist dann die Entwicklung der kosmischen Körper und -systeme aus den Bewegungsgesetzen ableitbar. Zusammen mit LOCKES Sensualismus wurde der „NEWTONismus" Grundlage der Philosophie der französischen Aufklärung und dann auch ein Ausgangspunkt der Erkenntniskritik KANTS.

Auf Grund der überwältigenden Erfolge der Mechanik in Physik und Astronomie und nach Rezeption der Naturphilosophie von NEWTON als wissenschaftliches Fundament der Aufklärungsphilosophie seit VOLTAIRE wurde NEWTONS Mechanik methodisch und inhaltlich mit der Naturwissenschaft überhaupt identifiziert. VOLTAIRE, MAUPERTUIS, EULER, D'ALEMBERT u. a. setzten den NEWTONismus gegen den Cartesianismus und die LEIBNIZ-WOLFFsche Monadologie als herrschendes Weltbild durch.

Ein Naturvorgang galt nunmehr als erklärt, wenn er in letzter Instanz auf die Bewegung von Massen nach den NEWTONschen Bewegungsgesetzen zurückgeführt worden war. Dementsprechend sollte die Physik inhaltlich auf NEWTONS Prinzipien zurückführbar sein. Dies gelang von NEWTON bis HELMHOLTZ für die Akustik und dann vor allem auch für die Thermodynamik, die im 19. Jahrhundert zur mechanischen Wärmetheorie und dann auf eine statistische Mechanik reduziert wurde. — Dieses Ziel erwies sich aber für die Elektrodynamik als unerreichbar, obwohl die mathematischen Hilfsmittel der MAXWELLschen Feldtheorie, die partiellen Differentialgleichungen der mathematischen Physik, im Rahmen der NEWTONschen Kontinuumsmechanik von den BERNOULIS, EULER, D'ALEMBERT usw. entwickelt worden waren.

Eine Grundlagen-Kritik von NEWTONS Prinzipien versuchte bereits LEIBNIZ mit dem Hinweis auf die prinzipielle Unzugänglichkeit (Transzendenz) des absoluten Raumes und der absoluten Zeit NEWTONS. Gegenüber Newtons quasi-substantieller Auffassung betonte er den Relations-Charakter von Raum und Zeit. Eine Auflösung von LEIBNIZ' Kritik im Sinne einer neuen Deutung von NEWTONS Prinzipien war dann KANTS Interpretation des NEWTONschen Raumes und der NEWTONschen Zeit als transzendentaler Anschauungsformen.

Im 19. Jahrhundert entstand mit der Theorie des elektromagnetischen Feldes von FARADAY, MAXWELL und HERTZ eine physikalische Theorie, die inhaltlich nicht mehr auf NEWTONS Prinzipien zurückführbar war, indem sie anstelle der Ferwirkungen bei NEWTON sich mit endlicher Geschwindigkeit c ausbreitende Nahwirkungen einführte. — Die gleichzeitige immanente Kritik der NEWTONschen Prinzipien (NEUMANN, MACH, HERTZ u. a.) zeigte auf, daß nicht alle erkenntnistheoretischen Prinzipien NEWTONS zur Erfassung des physikalischen Inhalts seiner Mechanik notwendig sind, und daß andererseits NEWTONS Physik-Methodologie nicht notwendig mit dem Programm verbunden sein muß, die Physik inhaltlich auf die Mechanik zurückzuführen.

EINSTEIN hat auf Grund der Feldtheorie die Beziehungen von Raum, Zeit und Bewegung neu analysiert und gezeigt, daß NEWTONS Theorie von Raum und Zeit tatsächlich an die Vorstellung der unmittelbaren Fernwirkung gebunden ist. Gibt es hingegen nur Nahwirkungen, dann bekommen Raum und Zeit dadurch einen

Relationscharakter, daß der Kausalnexus der Ereignisse und die raum-zeitliche Anordnung der Weltpunkte äquivalent sind. Nach Einsteins Gravitationstheorie, die hier überhaupt der erste Schritt über Newton hinaus war, wird auch die Geometrie von Raum und Zeit durch das Gravitationsfeld beeinflußt und somit vom physikalischen Inhalt abhängig.

Die Quantenphysik führte mit der Entdeckung von Plancks Wirkungsquantum zu der Erkenntnis, daß die Newtonschen Größen „Ort und Impuls eines Teilchens" nicht gleichzeitig beliebig scharf bestimmbar sind, so daß Newtons Grundaufgabe in Strenge gar nicht gestellt werden kann. Die Quantenmechanik behält daher die physikalischen Größen der Newtonschen Mechanik bei; sie ordnet ihnen aber andere mathematische Strukturen zu als die durch die Newtonschen Axiome definierten.

Grundsätzlich erscheinen die Prinzipien Newtons als das methodologische Paradigma jeder physikalischen Theorienbildung. Inhaltlich ist hingegen Newtons Mechanik nunmehr ein idealer Grenzfall der Relativitäts- und Quantentheorie, wobei aber diese Theorien ihre physikalische Bedeutung gerade aus ihrer Korrespondenz zur Mechanik von Newton erhalten.

II. Newton und die heutige Physik

Newton, einer der Begründer der Analysis, war ein bahnbrechender Mathematiker und als Schöpfer der Himmelsmechanik auch einer der Großen der Astronomie-Geschichte. Vor allem war Newton aber Physiker. Seine Begründung der Infinitesimalrechnung unternahm er mit dem Ziel, die Bewegung von Körpern und Massenpunkten mathematisch darstellen zu können. Dementsprechend stellte sich Newton unter einem Differential-Quotienten letztendlich immer die Ableitung einer Größe nach der physikalischen Zeit vor und gelangte aus dieser Anschauung zu einem Aufbau der Infinitesimalrechnung, der in vieler Hinsicht dem heutigen mathematischen Kontinuumsbegriff näher steht als der formalere (aber auch praktikablere) Kalkül von Leibniz. Die Astronomie war für Newton das große Anwendungs- und Bewährungsgebiet seiner Physik. An ihren astronomischen Konsequenzen testete er seine dynamischen Axiome und sein Gravitationsgesetz.

Newton war ein hervorragender Experimentalphysiker. Seine Experimente über die Dispersion des Lichtes und seine Entdeckung der Interferenz-Phänomene (Newtonsche Ringe) sind Grundversuche der physikalischen Optik. Als angewandter Physiker konstruierte er unter anderem das erste Spiegel-Teleskop. Seine experimentelle Tätigkeit ging jedoch weit über die Optik hinaus. Er unternahm grundlegende Versuche zur Hydrodynamik, zur Akustik, zur Wärmelehre und auch zur neuen wissenschaftlichen Chemie Boyles.

Hauptsächlich ist Newton aber der Begründer der theoretischen Physik. Er entwickelte unter anderem die erste leistungsfähige Theorie der physikalischen Optik, seine berühmte Emissionstheorie des Lichtes, und konnte damit eine große

Mannigfaltigkeit physikalisch-optischer Erscheinungen mathematisch darstellen. NEWTON gab fundamentale Ansätze für eine Theorie der Flüssigkeiten und begründete die theoretische Akustik. Die die Physik bis heute und wohl für immer prägende Leistung NEWTONS als Schöpfer der theoretischen Physik überhaupt ist jedoch seine theoretische Mechanik. Diese ist historisch durch ihren Inhalt und auch heute und für alle Zukunft durch ihre Methodik der Prototyp einer großen physikalischen Theorie („Philosophiae naturalis principia mathematica").

Obwohl NEWTON inhaltlich die Errungenschaften von GALILEI und HUYGENS, die theoretische Astronomie von KEPLER und ferner eine Anzahl physikalischer Hypothesen von DESCARTES bis HOOKE in seine Mechanik integrierte, ist der Aufbau der theoretischen Mechanik, wie er für uns heute noch vorbildlich ist, die alleinige Leistung NEWTONS. Der Versuch einer Theorienbildung, nämlich eines induktiven Aufzeigens, daß etwas, das nach der Feststellung der Experimentatoren so ist, notwendig so sein muß, wurde vor NEWTON und auch nach ihm immer wieder durch hypothetische Modelle angestrebt. DESCARTES und seine Nachfolger, darunter auch HUYGENS, suchten nach einem Weltmedium, dem „Äther", auf dessen hypothetischen Eigenschaften wie Dichte, Strömungsgeschwindigkeit, Inkompressibilität etc. die Mannigfaltigkeit der bekannten mechanischen und optischen Tatsachen und Gesetzlichkeiten zurückgeführt werden sollte.

Demgegenüber schuf NEWTON — völlig im Sinne des heutigen Modellbegriffs der mathematischen Grundlagenforschung — ein in sich konsistentes System von „Prinzipien", nämlich von mathematisch scharf gefaßten Definitionen und Axiomen, und betrachtete die physikalische Realität mit ihren Gesetzlichkeiten als ein konkretes Modell für sein Axiomensystem. Die Zuordnung des mathematischen Axiomensystems zur Realität geschieht bei ihm durch entsprechende Meßvorschriften, welche physikalische Größen definieren. Diese Meßvorschriften enthalten eine Bezugnahme auf NEWTONS Konzeptionen von dem absoluten Raum und der absoluten Zeit, die so zu einem fundamentalen Bindeglied zwischen der axiomatischen Theorie und ihrer physikalischen Interpretation wurden. Der hohe Abstraktionsgrad und die notwendige Ablösung seiner Physik der Prinzipien von jeder anschaulichen „Erklärung" war NEWTON voll bewußt. Seine Aussage „hypothesis non fingo" ist ein methodisches Prinzip.

Die seinerzeitige und auch die spätere Kritik an NEWTON (auch die von HUYGENS und LEIBNIZ) beruhen zum Teil auf der Ablehnung eines solchen abstrakten Aufbaues, ganz ähnlich wie später die MAXWELLsche Elektrodynamik, die EINSTEINsche Relativitätstheorie und vor allem die Quantenmechanik wegen ihres analogen Abstraktionsgrades als „unanschaulich" kritisiert wurden. Man forderte hypothetische Modelle statt mathematischer Prinzipien. Inhaltlich ist NEWTONS System der Prinzipien bewußt nicht axiomatisch abgeschlossen, eben weil es auch gar nicht abschließbar ist. Seine Prinzipien erlauben und verlangen ihre Ergänzung durch weitere Axiome, beispielsweise durch solche über Art und Weise der Wechselwirkungen.

NEWTONS axiomatische Prinzipien der Mechanik beruhen auf der durch GALILEI begründeten Erkenntnis vom Trägheitsgesetz: das Produkt der Masse (Quantität der Materie) und der Geschwindigkeit, der „Impuls" (Bewegungsgröße) $\mathfrak{p} = m\dot{\mathfrak{r}}$, ist der fundamentale dynamische Begriff, der Raum, Zeit und Materie verbindet. NEWTONS 1. und 2. Bewegungsaxiom sagen aus, daß eine zeitliche Änderung der Bewegungsgröße einer durch einen bestimmten analytischen Ausdruck anzugebenden Ursache bedarf. Das 3. Bewegungsaxiom gibt dann eine notwendige Vorschrift für diesen analytischen Ausdruck und enthält im wesentlichen die Aussage, daß Raum und Zeit außer den geometrischen Symmetrien noch eine weitere fundamentale Symmetrie besitzen, die wir heute als Invarianz gegenüber Galilei-Transformationen bezeichnen, als das Prinzip der Relativität der Geschwindigkeiten.

Dieser axiomatische Aufbau der Mechanik bei NEWTON ist so allgemein, daß er im Prinzip von EINSTEIN, PLANCK und MINKOWSKI in die spezielle Relativitätstheorie übernommen werden konnte und auch dem axiomatischen Aufbau der Quantenmechanik seit BOHR, HEISENBERG und DIRAC zugrunde liegt. EINSTEIN ersetzte in seiner speziell-relativistischen Mechanik einfach das GALILEIsche Relativitätsprinzip durch sein neues, eine Brücke zur Feldphysik schlagendes spezielles Relativitätsprinzip. Bis auf diese fundamentale Substitution sind NEWTONS und EINSTEINS Teilchen-Dynamik identisch.

NEWTONS Meßvorschriften, die die physikalische Interpretation seiner Axiome ermöglichen, enthalten die Annahme, daß bei gegebenem Bewegungsgesetz und auf Grund dieses Bewegungsgesetzes zunächst beliebig fehlerhafte Bestimmungen von Ort und Geschwindigkeit eines Körpers durch wiederholte Messungen immer weiter präzisiert werden können. Dies war das Prinzip, das bereits KEPLER bei seiner Auswertung der tychonischen Beobachtungen der Mars-Positionen zur Herleitung seiner Astronomiegesetze benutzte. GAUSS hat 100 Jahre nach NEWTON in seiner „Theoria motus" eine allgemeine mathematische Theorie dieser Verbesserung der Meßdaten durch wiederholte Messungen bei bekanntem Bewegungsgesetz entwickelt.

Das Neue, das die Quantenmechanik mit BOHR und HEISENBERG zu NEWTONS Physik brachte, ist die Negierung gerade dieses Meßprinzips durch HEISENBERGS Unschärfe-Relation. In der (nicht-relativistischen) Quantenmechanik bleiben grundsätzlich NEWTONS Bewegungs-Axiome unverändert. Ihre physikalische Interpretation erfolgt jedoch unter Zugrundelegung von Meßvorschriften, die andere sind als die von NEWTON aus der Astronomie übernommenen.

NEWTONS Ablehnung modellartiger Hypothesen war natürlich nur ein methodisches Prinzip. Er selbst ergänzte die in seinen Prinzipien unvollständig gelassenen Axiome bezüglich der Struktur der Körper und ihrer Wechselwirkungen durch einen dynamischen Atomismus, den er mit seiner großen Entdeckung des Gesetzes der universellen Gravitation verband. Nach NEWTON besteht die Materie aus ausdehnungslosen Punkten mit trägen Massen. Die makrophysikalische Ausdehnung der Körper ist das Ergebnis ihrer Wechselwirkungen. Jeder Massenpunkt ist das singuläre Zentrum eines „Kraftflusses". Die Kraft hat einen repulsiven, kurzreichweitigen, steil abfallenden Anteil (wir würden jetzt mit DIRAC sagen: „mit einem delta-artigen Verlauf"). Dieser repulsive Anteil zeigt sich phänomenologisch als der raumerfüllende harte Kern des Körpers. Der zweite Anteil ist langreichweitig und attraktiv. Vor allem ist er realisiert in NEWTONS universeller Gravitation und hat zur Folge, daß jedes Teilchen im Prinzip den gesamten Weltraum einnimmt. Das $fm\,M/r^2$-Gesetz für die Gravitationskraft ist nach NEWTON nicht nur ein empirisches Faktum, sondern wesentlich mit dem Begriff der Raum-Einnahme des Körpers verbunden. Aus der Auffassung, daß sich die Körper außerhalb ihres harten Kerns mit ihren „Raum-Einnahmen" beliebig durchdringen können und der Raum selbst hierbei keinen Widerstand leistet, folgerte er aus der dreidimensionalen euklidischen Struktur des physikalischen Raumes die Notwendigkeit eines $1/r^2$-Gesetzes für alle weitreichenden Wechselwirkungen. Daher waren 100 Jahre nach NEWTON, CAVENDISH und COULOMB von vornherein davon überzeugt, daß die elektrischen und magnetischen Kräfte einem $1/r^2$-Gesetz genügen müssen, das hier sowohl für die Attraktion als auch für die Repulsion gilt.

NEWTON meinte, daß diese notwendige Form seines Gravitationsgesetzes schon antiken Philosophen wie PLATO bekannt gewesen sei. (NEWTON glaubte übrigens auch, daß die griechischen Mathematiker bereits über die Methoden der neuen Analysis verfügt, sie bei der Herleitung ihrer Theoreme benutzt, jedoch aus weltanschaulichen Gründen zugunsten der reinen geometrischen Anschauung schließlich eliminiert hätten.) — NEWTON zeigte, daß die Bewegungskurven im astronomischen Zwei-Körper-Problem nur bei strenger Gültigkeit seines Gesetzes KEPLER-Ellipsen sind; jede Abweichung von seinem Gesetz führt zu einer Überlagerung der KEPLER-Bewegungen durch Drehungen der Bahnachsen (Perihel-Bewegungen).

Der dynamische Atomismus NEWTONS wurde von KANT und von der deutschen Naturphilosophie übernommen; ihn vertrat aber auch FARADAY, der ihn zur Grundlage seiner neuen Feldphysik machte. In dieser allgemeinen Form ist NEWTONS Atomismus bis heute auch für die Elementarteilchenphysik wegweisend geblieben.

NEWTON sah also die Einheit einer nahwirkenden Repulsions- und einer weitreichenden Attraktionskraft als konstitutiv für die Materie an. Demgegenüber wollten die Cartesianer — und auch Atomisten wie EULER und LOMONOSSOV — die attraktiven Fernwirkungen auf die Repulsion bei Teilchenstößen zurückführen, während spätere „NEWTONianer" — wie VOLTAIRE und LAPLACE — auch die „Berührungskräfte" und die Repulsion aus einer Attraktion per distancem ableiten wollten.

Es ist interessant zu bemerken, daß neueste Ansätze zu einer Weiterentwicklung der relativistischen Gravitationstheorie EINSTEINS mit dem Ziel einer geometrisierten Feldtheorie der Materie wieder darauf hinauslaufen, das NEWTONsche Gravitationspotential durch einen abstoßenden kurzreichweitigen Term zu ergänzen. Die Rolle von NEWTONS Potential $-fM/r$ in der SCHWARZSCHILDschen Lösung der EINSTEINschen Gravitationsgleichungen übernimmt dann das überall reguläre, An- und Abstoßungskräfte enthaltene Potential $-fM/r\,(1 - e^{-kr})$, in dem k^{-1} eine mikrophysikalische Länge ist.

Das Neue, das die Feldphysik FARADAYS dem dynamischen Atomismus NEWTONS gegenüberstellte, ist der Einfluß des physikalischen Raumes auf die Felder und damit auf die Wechselwirkungen zwischen den Partikeln. NEWTONS Konzeption setzte eine unverzögerte, augenblickliche Wirkung per distancem voraus. Die Feldphysik geht dagegen von der Erkenntnis aus, daß es solche unendlich großen Ausbreitungsgeschwindigkeiten nicht gibt; die Wirkungen pflanzen sich maximal mit Lichtgeschwindigkeit im Raum fort.

Diese Feldphysik von FARADAY, MAXWELL und HERTZ gab damit den Anlaß zur Begründung der speziell-relativistischen Kinematik EINSTEINS und somit zu einer Modifikation der NEWTONschen Prinzipien. Die Erkenntnis, daß die Feldphysik etwas grundsätzlich Neues gegenüber NEWTONS physikalischem Weltbild ist, war bei HERTZ und bei EINSTEIN Anstoß zum kritischen Nachdenken über NEWTONS gesamten Aufbau der Physik. Aber HERTZENS Bemerkung, daß die MAXWELLsche Theorie des elektromagnetischen Feldes weiter nichts als die Theorie der MAXWELLschen Gleichungen, enthält die Methodologie von NEWTONS „hypothesis non fingo".

EINSTEIN hat schließlich NEWTONS Gravitationsgesetz selbst in die Feldphysik überführt, wobei er dessen Verknüpfung der mathematischen Struktur des Gravitationsgesetzes mit der Geometrie des Raumes dahin verallgemeinerte, daß die Gravitation selbst die Raum-Zeit-Metrik definiert. Aber auch EINSTEINS Allgemeine Relativitätstheorie orientiert sich in ihrer physikalischen Interpretation an NEWTONS Gravitationstheorie, und aus der Mannigfaltigkeit der mathematisch möglichen Ansätze für eine geometrische relativistische Feldtheorie der Gravitation wählte EINSTEIN gerade diejenige Form aus, die maximal neutronisch ist.

Eine grundsätzliche Kritik der NEWTONschen Axiomatik, wie sie in der Feldtheorie von MAXWELL und EINSTEIN implicite enthalten ist, wurde in aller Radikalität schon von NEWTONS Zeitgenossen HUYGENS und LEIBNIZ versucht. Beide waren aber nicht in der Lage, NEWTONS Prinzipien etwas Gleichwertiges gegenüberzustellen. Die Forderung von HUYGENS und LEIBNIZ war insbesondere, den Kosmos, der bei NEWTON weiter nichts als eine „Integrations-Konstante" für seine dynamischen Gleichungen ist, bereits in die Prinzipien der Physik aufzunehmen und die Physik, statt — wie NEWTON — auf die Fiktion des absoluten Raumes vielmehr auf den realen Kosmos zu beziehen. Über MACHS kritische „Mechanik" (1883) hat dieses Postulat auf EINSTEINS Begründung der allgemeinen Relativitätstheorie starken Einfluß gehabt.

Einen vollständig neuen axiomatischen Aufbau der Mechanik hat HERTZ versucht („Prinzipien der Mechanik", 1894), der NEWTONS Wechselwirkungskräfte durch „Bindungen" ersetzen wollte, die Bedingungen darstellten, die zwischen den Impulsen und Orten verschiedener Teilchen bestehen. Bei HERTZ tritt an die Stelle des dreidimensionalen NEWTONschen Raumes, der in der analytischen Mechanik seit LAGRANGE und JACOBI verwandte und für die SCHRÖDINGERsche Wellenmechanik später so wesentlich gewordene $3N$-dimensionale Konfigurationsraum der N Partikeln, die das physikalische System bilden.

Die Mechanik von HERTZ ist aber so lange der NEWTONschen Mechanik äquivalent, als ihre „Bindungen" die allgemeinen Eigenschaften der NEWTONschen „Kräfte" haben und daher, wie von NEWTON und auch noch von HELMHOLTZ immer vorausgesetzt, unabhängig von den relativen Geschwindigkeiten sind. HERTZ nannte diese NEWTONschen Bedingungen „holonom". HERTZens Neubegründung der Mechanik ergibt physikalisch dann Neues, wenn die Wechselwirkungen zwischen NEWTONS Massenpunkten (die auch HERTZ voraussetzte) „anholonomen" Bedingungen entsprechen. Dann ist i. a. der Konfigurationsraum der analytischen Mechanik von LAGRANGE und JACOBI nicht mehr in ein Produkt der dreidimensionalen Räume NEWTONS separierbar. In SCHRÖDINGERS Wellenmechanik entspricht dies der Existenz von quantenmechanischen „Austauschkräften". In der Gravitationstheorie weist diese Nicht-Separierbarkeit auf die von HUYGENS, MACH und EINSTEIN postulierte Abhängigkeit der lokalen Physik vom Kosmos hin. (Siehe hierzu auch meine Schrift „Die Prinzipien der Dynamik bei EINSTEIN, HERTZ, MACH und POINCARÉ".)

Die Geschichte der theoretischen Physik seit NEWTON war und ist so in ihren Höhepunkten eine immer erneute Auseinandersetzung mit dem Inhalt und mit der Interpretation von NEWTONS Prinzipien. Aber auch alle neuen physikalischen Theorienbildungen erstreben und erstrebten methodisch einen axiomatischen Aufbau der Physik oder ihrer Teilgebiete nach seinem Vorbild. Und das physikalische Verständnis neuer physikalischer Theorien wie der Relativitätstheorie und der Quantenmechanik wurde und wird dadurch erschlossen, daß die neuen Prinzipien mit den NEWTONschen korrespondieren.

III. Bibliographie

A. Newtons Werke

Philosophiae naturalis principia mathematica. London 1687, 1713, 1726. Neuausgabe in 2 Bänden (ed. A. KOYRÉ und L. B. COHEN). Cambridge University Press 1972. Deutsche Ausgabe: Sir ISAAC NEWTONS Mathematische Principien der Naturlehre (ed. J. Ph. Wolfers), Berlin 1872. — Neuausgabe Darmstadt 1963.

Opticks. London 1704, 1717, 1721. Lateinische Ausgabe: Optice (ed. S. CLARKE), London 1706. Neuausgabe (ed. A. EEINSTEIN), New York 1931.

System of the World. London 1728, 1731 Neuausgabe (ed. L. B. COHEN), London 1969.

Papers and Letters on Natural Philosophy (ed. L. B. COHEN), Cambridge (Mass.), 1958.

Unpublished Scientific Papers (ed. A. R. und M. B. HALL), Cambridge University Press, 1962.

Opera quae extant omnia (ed. S. HORSLEY), Vol I—V, London 1779—1785. Neuausgabe Stuttgart — Bad Cannstadt, 1964.

The Mathematical Papers (ed. D. T. WHITESIDE). Cambridge University Press 1967 ff. (jetzt vorgerückt bis Vol. VII, „1691–1695" (1976)).

The Correspondance (ed. J. F. SCOTT, A. R. HALL and G. TILLING). Cambridge University Press, 1959 ff. (jetzt vorgerückt bis Vol. V, „1709–1713" (1975)).

B. Newton-Biographien

D. BREWSTER, Memories of Life. Writings and Discoveries of Sir Isaac Newton. Vol I und II, Edinburgh 1855, 2. Aufl. 1860.

F. ROSENBERGER, Isaac Newton und seine physikalischen Prinzipien. Leipzig 1895.

A. DE MORGEN, Essays on the Life and Work of Newton. Chicago und London 1914.

L. T. MORE, Isaac Newton. New York 1935.

S. I. WAWILOW, Isaac Newton. Berlin 1951.

F. N. C. DA ANDRADE, Sir Isaac Newton. London 1954.

C. Zu Newtons Naturphilosophie

F. ENGELS, Dialektik der Natur. Marx-Engels, Werke Bd. 20, Berlin 1962.

G. W. LEIBNIZ und S. CLARKE, Correspondence (ed. A. Robinet), Paris 1957.

F. A. M. DE VOLTAIRE, Elements de la philosophie de Newton. Amsterdam, 1739.

R. BOSCOVICH, Theoria philosophiae naturalis. Venedig, 1767.

L. EULER, Briefe an eine deutsche Prinzessin I bis III, Petersburg und Leipzig, 1767 bis 1773.

I. KANT, Metaphysische Anfangsgründe der Naturwissenschaft (1786). Kants Werke (ed. E. Cassirer), Bd. 9, Berlin 1922.

C. NEUMANN, Die Principien der Galilei-Newtonschen Theorie. Leipzig 1870.

E. MACH, Die Mechanik in ihrer Entwicklung. Leipzig 1883, 9. Aufl. 1933.

L. LANGE, Die geschichtliche Entwicklung des Bewegungsbegriffes. Leipzig 1885.

H. HERTZ, Prinzipien der Mechanik. Leipzig 1894, 2. Aufl. 1910.

K. LASSWITZ, Geschichte der Atomistik vom Mittelalter bis Newton. Vol I und II, Hamburg 1890, Leipzig 1926.

J. SNOW, Matter and Gravity in Newton's Physical Philosophy. London 1926.

A. EINSTEIN, Newtons Mechanik (1927): In A. Einstein, Mein Weltbild. Amsterdam 1934, (West-)Berlin 1972.

A. EINSTEIN und L. INFELD, Die Evolution der Physik. Leiden 1938. Hamburg 1956, 1970.

E. J. DIJKSTERHUIS, Die Mechanisierung des Weltbildes. Berlin, Heidelberg 1956.

A. KOYRÉ, Newtonian Studies. Cambridge (Mass.) 1965.

B. G. KUZNECOV, Von Galilei bis Einstein. Moskau 1966, Berlin 1970.

R. S. WESTFALL, Force in Newtonian Physics. London, New York 1971.

H.-J. TREDER, Die Relativität der Trägheit. Berlin 1972, Moskau 1975.

H.-J. TREDER, Der physikalische Raum. Berlin 1974.

D. Zu den Cambridger Newton-Ausgaben

Die z. Zt. von der Universität Cambridge herausgegebenen großen NEWTON-Ausgaben, deren tragende Säulen die von A. KOYRÉ und L. B. COHEN veranstaltete textkritische zweibändige Ausgabe der „Principia mathematica“ (1972), die von D. T. WHITESIDE betreuten „Mathematical Papers“ von NEWTON und die für die Royal Society nunmehr von R. A. HALL und L. TILLING besorgten Bände seiner „Correspondence“ sind, bilden zusammen ein großes Corpus Newtonianum, das die NEWTON-Forschung, die Physik- und Mathematik-Geschichte und auch das epistemologische und methodologische Verständnis der Physik Newtons beeinflussen und z. T. auch umgestalten wird.

NEWTON hat übrigens einen großen Teil seiner Korrespondenz nicht selbst geführt, sondern durch von ihm inspirierte und gelenkte Mitarbeiter führen lassen. Für zahlreiche Briefe aus dem NEWTON-Kreis existieren aber eigenhändige, z. T. mehrfache Entwürfe NEWTONS. — NEWTON, der die gegen LEIBNIZ gerichtete Zusammenstellung des „Commercium epistolicum“ durch die Royal Society selbst lenkte, ist auch der eigentliche Verfasser der entscheidenden Stelle in CLARKES Briefen an und gegen LEIBNIZ.

Die Ausgabe der „Principia“ durch KOYRÉ und COHEN ist die erste textkritische Ausgabe dieses Grundwerkes der Physik. Ihr Text beruht auf der 3. Edition (letzter Hand) von 1726.

Unter dem Strich des Haupttextes sind die Varianten gegenüber NEWTONS Manuskripten und gegenüber den beiden früheren Ausgaben von 1687 und 1712 angebracht. — Das Wichtigste im kritischen Apparat ist aber die Angabe der Annotationen NEWTONS in seinen 4 Handexemplaren der beiden ersten Auflagen, die zu einem großen Teil bei der Textgestaltung der Ausgabe letzter Hand nicht verwandt wurden. Hierzu kommen die längeren Aufzeichnungen und Einlage-Zettel zu seinen Handexemplaren. Gemeinsam dokumentieren sie die Entwicklung von NEWTONS Haltung zu Grundfragen der Physik. NEWTON vertiefte in diesen i. a. nicht zur Verwendung bei den Neuausgaben der „Principia“ bestimmten Notizen seine philosophischen und methodologischen Positionen, wobei hier der Hintergrund von NEWTONS Konzeptionen schärfer herausgearbeitet wird als in den konzilianteren Formulierungen des gedruckten Textes, der das Eingehen auf die physikalischen Streitfragen möglichst vermeidet.

Der Band V von NEWTONS „Mathematical Papers“ enthält auch eine von NEWTON später wieder verworfene Neufassung der „Principia“ — Abschnitte über die Zentralkräfte, über deren Wesen er ständig nachgedacht hat.

Die abschließenden Formulierungen der Grundlagen von NEWTONS Naturphilosophie, soweit sie NEWTON veröffentlichen wollte, enthält bereits die zweite, von R. COTES 1712 besorgte Ausgabe der „Principia“. Der Briefwechsel zwischen NEWTON und COTES zeigt die intensive, COTES lenkende und anleitende Arbeit NEWTONS an der Präzisierung entscheidender Textstellen, der Klärung von Zweifelsfragen und bei der Korrektur von Fehlern und Irrtümern.

FSC
www.fsc.org
MIX
Papier | Fördert gute Waldnutzung
FSC® C083411

Zeitfracht Medien GmbH
Ferdinand-Jühlke-Straße 7
99095 Erfurt, Deutschland
produktsicherheit@kolibri360.de